中国水资源公报
2024

中华人民共和国水利部　编

·北京·

图书在版编目（CIP）数据

中国水资源公报. 2024 / 中华人民共和国水利部编. -- 北京 : 中国水利水电出版社, 2025. 5. -- ISBN 978-7-5226-3481-4

Ⅰ. TV211

中国国家版本馆CIP数据核字第2025HY2318号

审图号：GS京（2025）0950号

书　　名	中国水资源公报 2024 ZHONGGUO SHUIZIYUAN GONGBAO 2024
作　　者	中华人民共和国水利部　编
出版发行	中国水利水电出版社 （北京市海淀区玉渊潭南路 1 号 D 座　100038） 网址：www.waterpub.com.cn E-mail：sales@mwr.gov.cn 电话：（010）68545888（营销中心）
经　　售	北京科水图书销售有限公司 电话：（010）68545874、63202643 全国各地新华书店和相关出版物销售网点
排　　版	中国水利水电出版社装帧出版部
印　　刷	北京印匠彩色印刷有限公司
规　　格	210mm×285mm　16 开本　2.5 印张　50 千字
版　　次	2025 年 5 月第 1 版　2025 年 5 月第 1 次印刷
定　　价	48.00 元

凡购买我社图书，如有缺页、倒页、脱页的，本社营销中心负责调换

版权所有·侵权必究

目录

contents

一、概述 …………………………………………… 1

二、水资源量 ……………………………………… 3

（一）降水量 ……………………………………… 3

（二）地表水资源量 ……………………………… 8

（三）地下水资源量 ……………………………… 10

（四）水资源总量 ………………………………… 11

三、蓄水动态 ……………………………………… 15

（一）大中型水库蓄水动态 ……………………… 15

（二）湖泊蓄水动态 ……………………………… 16

（三）地下水动态 ………………………………… 16

四、水资源开发利用 ……………………………… 19

（一）供水量 ……………………………………… 19

（二）用水量 ……………………………………… 21

（三）用水消耗量 ………………………………… 25

（四）用水指标 …………………………………… 25

编写说明 …………………………………………… 29

一、概述

2024年，全国年降水量和水资源量比多年平均值明显偏多，大中型水库和湖泊蓄水相对稳定。全国地下水水位总体上升，泉水流量有所增大。全国用水总量比2023年略有增加，用水效率稳步提升；非常规水源供水量持续增加，水源结构不断优化。

2024年，全国年降水量为717.7mm，比多年平均值偏多11.4%，比2023年增加11.6%。全国水资源总量为31123.0亿 m^3，比多年平均值偏多12.7%，比2023年增加20.7%。其中，地表水资源量为29895.6亿 m^3，地下水资源量为8679.2亿 m^3，地下水与地表水资源不重复量为1227.4亿 m^3。

全国统计的783座大型水库和4064座中型水库年末蓄水总量为4588.8亿 m^3，比年初减少41.7亿 m^3。监测的75个湖泊年末蓄水总量为1496.2亿 m^3，比年初增加18.7亿 m^3。年末与2023年同期相比，59.5%的地下水监测站水位呈上升或弱上升态势。开展泉水流量监测的49个监测站中，26个监测站泉水流量增加，5个保持稳定，18个监测站泉水流量减少。

全国供水总量为5928.0亿 m^3。其中，地表水源供水量为4892.4亿 m^3，地下水源供水量为784.0亿 m^3，非常规水源供水量为251.6亿 m^3。与2023年相比，供水总量增加21.5亿 m^3，其中，地表水源供水量增加17.7亿 m^3，地下水源供水量减少35.5亿 m^3，非常规水源供水量增加39.3亿 m^3。

全国用水总量为5928.0亿 m^3。其中，生活用水量为926.8亿 m^3，工业用水量为971.0亿 m^3，农业用水量为3648.4亿 m^3，人工生态环境补水量为381.8亿 m^3。与2023年相比，用水总量增加21.5亿 m^3，其中，生活用水量增加17.0亿 m^3，工业用水量增加0.8亿 m^3，农业用水量减少24.0亿 m^3，人工生态环境补水量增加27.7亿 m^3。全国用水消耗量为3251.5亿 m^3。

全国人均综合用水量为421m^3，万元国内生产总值（当年价）用水量为43.9m^3。耕地灌溉亩均用水量为342m^3，农田灌溉水有效利用系数为0.580，万元工业增加值（当年价）用水量为24.0m^3，人均生活用水量为180L/d（其中人均居民生活用水量为127L/d）。按可比价计算，万元国内生产总值用水量和万元工业增加值用水量分别比2023年下降4.4%和5.3%。

二、水资源量

（一）降水量

2024年，全国年降水量为717.7mm，比多年平均值偏多11.4%，比2023年增加11.6%，在1956年以来全国年降水量系列中排名第3位，仅次于1998年和2016年。2024年全国的年降水量等值线见图1，2024年全国的年降水量距平等值线见图2。1956—2024年全国年降水量见图3。

从水资源分区看，与多年平均值比较，除西南诸河区降水量偏少0.8%外，其他9个水资源一级区降水量均偏多，其中辽河区、海河区、西北诸河区分别偏多43.1%、23.2%和20.4%。与2023年比较，各水资源一级区降水量均有所增加，其中辽河区、西北诸河区、珠江区、东南诸河区分别增加43.1%、25.6%、24.0%和22.8%。2024年水资源一级区降水量见表1。

从行政分区看，与多年平均值比较，26个省（自治区、直辖市）降水量偏多，其中天津、吉林、宁夏、北京、辽宁、上海、山东、内蒙古8个省（自治区、直辖市）偏多30%以上；5个省（自治区、直辖市）比多年平均值偏少，其中重庆、湖北、云南3个省（直辖市）偏少5%以上。2024年省级行政区降水量见表2。

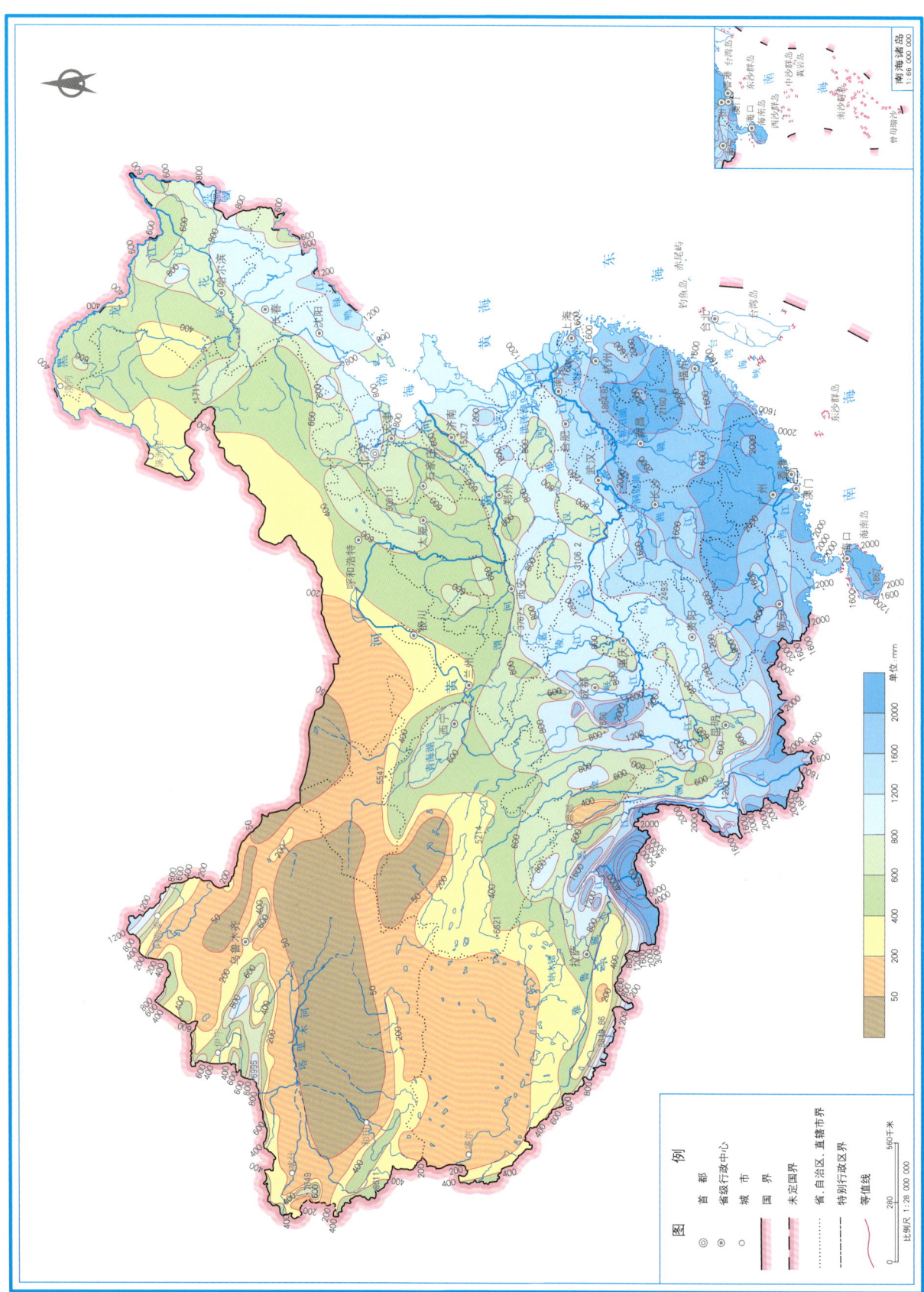

图1 2024年全国的年降水量等值线

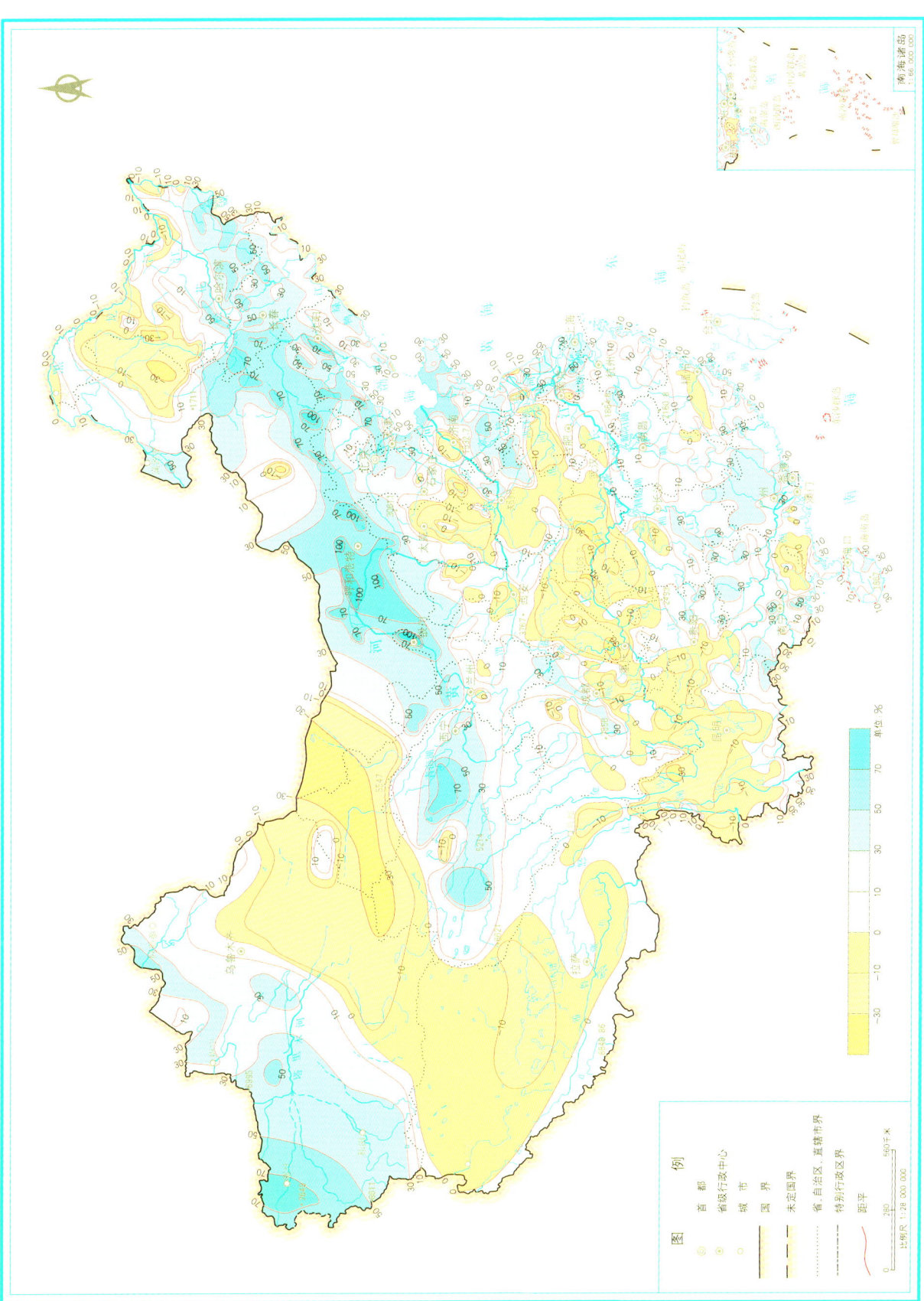

图2 2024年全国的年降水量距平等值线

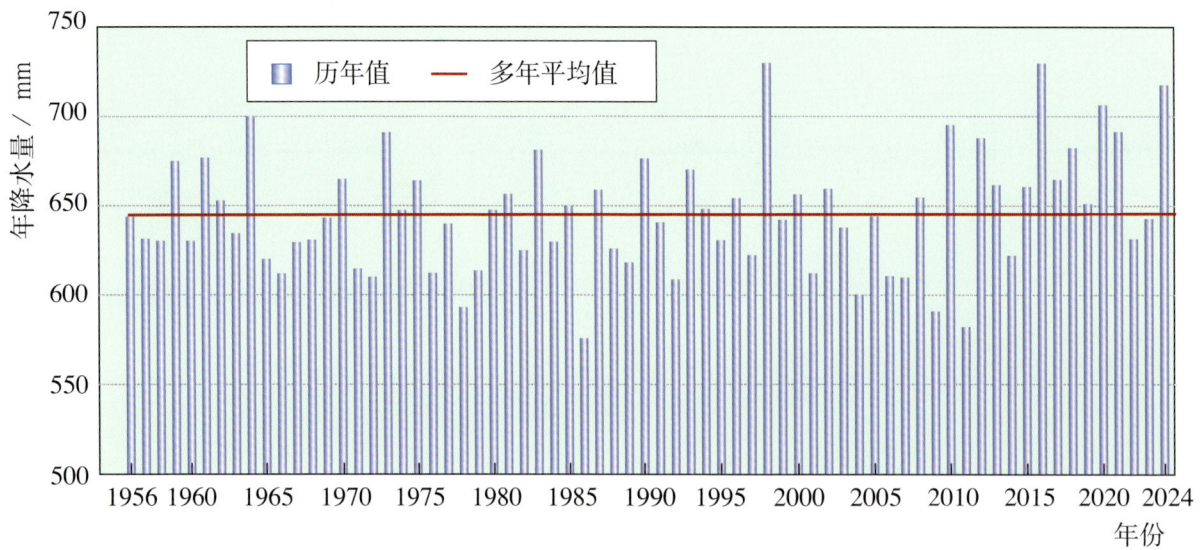

图 3　1956—2024 年全国年降水量

表 1　2024 年水资源一级区降水量

水资源一级区	降水量 / mm	与多年平均值比较 / %	与 2023 年比较 / %
全　　国	717.7	11.4	11.6
北方 6 区	398.8	21.1	13.6
南方 4 区	1281.5	6.7	10.6
松花江区	592.6	18.2	3.1
辽 河 区	764.2	43.1	43.1
海 河 区	649.5	23.2	6.7
黄 河 区	537.6	18.9	9.4
淮 河 区	970.0	15.7	4.5
长 江 区	1124.4	4.0	5.3
其中：太湖流域	1518.6	25.9	18.4
东南诸河区	1890.5	12.4	22.8
珠 江 区	1837.3	18.0	24.0
西南诸河区	1082.7	−0.8	4.7
西北诸河区	198.7	20.4	25.6

表2 2024年省级行政区降水量

省级行政区	降水量/mm	与多年平均值比较/%	与2023年比较/%
全　国	717.7	11.4	11.6
北　京	782.0	37.4	7.6
天　津	802.9	41.6	32.2
河　北	659.3	26.6	12.9
山　西	560.3	9.7	0.3
内蒙古	362.5	32.0	39.0
辽　宁	917.4	36.1	37.9
吉　林	846.6	39.2	15.9
黑龙江	618.2	16.2	−0.5
上　海	1487.1	32.6	16.1
江　苏	1221.0	21.3	7.8
浙　江	1863.9	14.9	31.3
安　徽	1275.4	8.2	9.9
福　建	1885.3	11.1	15.2
江　西	1879.9	14.2	14.5
山　东	891.7	32.5	29.5
河　南	817.7	6.4	−21.0
湖　北	1088.3	−6.5	−14.9
湖　南	1642.1	13.0	29.6
广　东	2190.8	22.6	15.8
广　西	1823.0	17.9	27.1
海　南	2229.2	22.7	21.4
重　庆	1074.4	−8.4	−21.9
四　川	940.7	−2.2	4.8
贵　州	1240.3	7.0	23.9
云　南	1193.8	−5.4	13.7
西　藏	578.7	−0.7	−0.6
陕　西	671.2	2.2	−14.6
甘　肃	311.8	11.8	18.8
青　海	389.5	23.1	5.1
宁　夏	399.1	38.2	57.8
新　疆	189.9	20.4	28.2

（二）地表水资源量

2024 年，全国地表水资源量为 29895.6 亿 m^3，折合年径流深为 316.0mm，比多年平均值偏多 12.6%，比 2023 年增加 21.4%。

从水资源分区看，与多年平均值比较，9 个水资源一级区地表水资源量偏多，其中辽河区、海河区、淮河区、松花江区、珠江区分别偏多 61.0%、44.8%、33.5%、32.1% 和 24.8%；西南诸河区地表水资源量偏少 3.7%。与 2023 年比较，各水资源一级区地表水资源量均有所增加，其中辽河区、东南诸河区、珠江区、淮河区分别增加 74.8%、50.1%、41.9% 和 33.0%。2024 年水资源一级区地表水资源量见表 3。

从行政分区看，与多年平均值比较，22 个省（自治区、直辖市）地表水资源量偏多，其中北京、山东、吉林 3 个省（直辖市）偏多 70% 以上；西藏地表水资源量与多年平均值基本持平；8 个省（直辖市）地表水资源量偏少，其中云南、重庆 2 个省（直辖市）偏少 10% 以上。2024 年省级行政区地表水资源量见表 4。

表 3　2024 年水资源一级区地表水资源量

水资源一级区	地表水资源量 / 亿 m^3	与多年平均值比较 / %	与 2023 年比较 / %
全　国	29895.6	12.6	21.4
北方 6 区	5648.2	31.5	18.5
南方 4 区	24247.4	8.9	22.0
松花江区	1650.6	32.1	9.0
辽河区	633.1	61.0	74.8
海河区	248.3	44.8	1.3
黄河区	695.2	19.1	3.6
淮河区	919.9	33.5	33.0
长江区	10458.9	7.0	18.8
其中：太湖流域	276.4	58.1	35.4
东南诸河区	2348.4	16.9	50.1
珠江区	5896.7	24.8	41.9
西南诸河区	5543.5	-3.7	3.7
西北诸河区	1501.2	24.4	17.2

表 4 2024 年省级行政区地表水资源量

省 级行政区	地表水资源量/亿 m³	与多年平均值比较/%	与 2023 年比较/%
全　国	29895.6	12.6	21.4
北　京	24.5	154.9	11.9
天　津	16.9	65.7	38.6
河　北	140.8	55.9	15.5
山　西	73.5	−5.5	−28.0
内蒙古	399.7	8.0	12.0
辽　宁	482.6	63.6	78.1
吉　林	589.5	71.9	39.8
黑龙江	851.6	27.6	0.5
上　海	45.6	69.5	31.1
江　苏	438.7	51.2	18.7
浙　江	1189.9	24.0	66.3
安　徽	810.9	22.8	32.0
福　建	1324.6	11.1	35.5
江　西	2039.7	31.4	46.8
山　东	355.8	79.6	125.8
河　南	323.5	11.8	−7.3
湖　北	895.8	−9.4	−16.4
湖　南	2079.7	23.2	75.8
广　东	2339.4	27.6	20.2
广　西	2465.9	29.8	62.5
海　南	431.8	37.8	35.3
重　庆	469.8	−15.2	−32.7
四　川	2433.1	−5.1	12.4
贵　州	969.1	−7.0	49.8
云　南	1760.4	−17.8	17.1
西　藏	4420.0	−0.2	−0.2
陕　西	353.8	−8.0	−30.4
甘　肃	250.6	−3.4	17.3
青　海	932.4	48.6	11.3
宁　夏	10.0	10.3	52.7
新　疆	975.7	23.3	18.1

从中国流出国境的水量为5655.2亿 m³，流入界河的水量为1472.1亿 m³，国境外流入中国境内的水量为288.2亿 m³。

全国入海水量为18724.2亿 m³，其中辽河区318.6亿 m³，海河区159.7亿 m³，黄河区250.0亿 m³，淮河区774.9亿 m³，长江区9613.0亿 m³，东南诸河区2132.1亿 m³，珠江区5475.8亿 m³。与多年平均值相比，全国入海水量偏多12.9%。与2023年相比，全国入海水量增加5601.1亿 m³，各水资源一级区均有不同程度的增加，其中长江区、珠江区入海水量分别增加2573.0亿 m³ 和1691.7亿 m³。

（三）地下水资源量

2024年，全国地下水资源量为8679.2亿 m³，比多年平均值偏多8.3%，比2023年增加11.2%。其中，平原区地下水资源量为1998.0亿 m³，山丘区地下水资源量为6957.2亿 m³，平原区与山丘区之间的重复计算量为276.0亿 m³。

全国平原浅层地下水总补给量为2062.5亿 m³，比2023年增加7.8%。南方4区平原浅层地下水计算面积占全国平原区面积的9%，地下水总补给量为385.0亿 m³；北方6区计算面积占91%，地下水总补给量为1677.5亿 m³。其中，松花江区338.8亿 m³，辽河区142.5亿 m³，海河区212.3亿 m³，黄河区179.0亿 m³，淮河区330.1亿 m³，西北诸河区474.8亿 m³。在北方6区平原地下水总补给量中，降水入渗补给量、地表水体入渗补给量、山前侧渗补给量和井灌回归补给量分别占56.0%、32.9%、7.3% 和3.8%。松花江区、辽河区、海河区、黄河区和淮河区平原以降水入渗补给量为主，占总补给量的56%~84%；而西北诸河区平原以地表水体入渗补给量为主，占总补给量的69.3%。2024年北方各水资源一级区平原地下水补给量组成见图4。

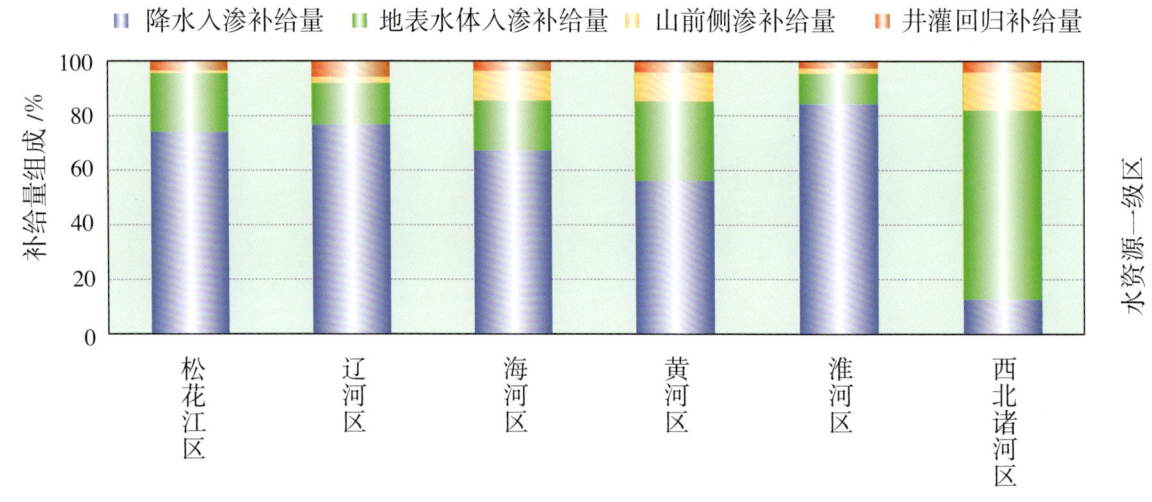

图4　2024年北方各水资源一级区平原地下水补给量组成

（四）水资源总量

2024年，全国水资源总量为31123.0亿 m³，比多年平均值偏多12.7%，比2023年增加20.7%。其中，地表水资源量为29895.6亿 m³，地下水资源量为8679.2亿 m³，地下水与地表水资源不重复量为1227.4亿 m³。全国水资源总量占降水总量的45.8%，平均单位面积产水量为32.9万 m³/km²。2024年水资源一级区水资源总量见表5，与多年平均值比较见图5。2024年省级行政区水资源总量见表6，与多年平均值比较见图6。

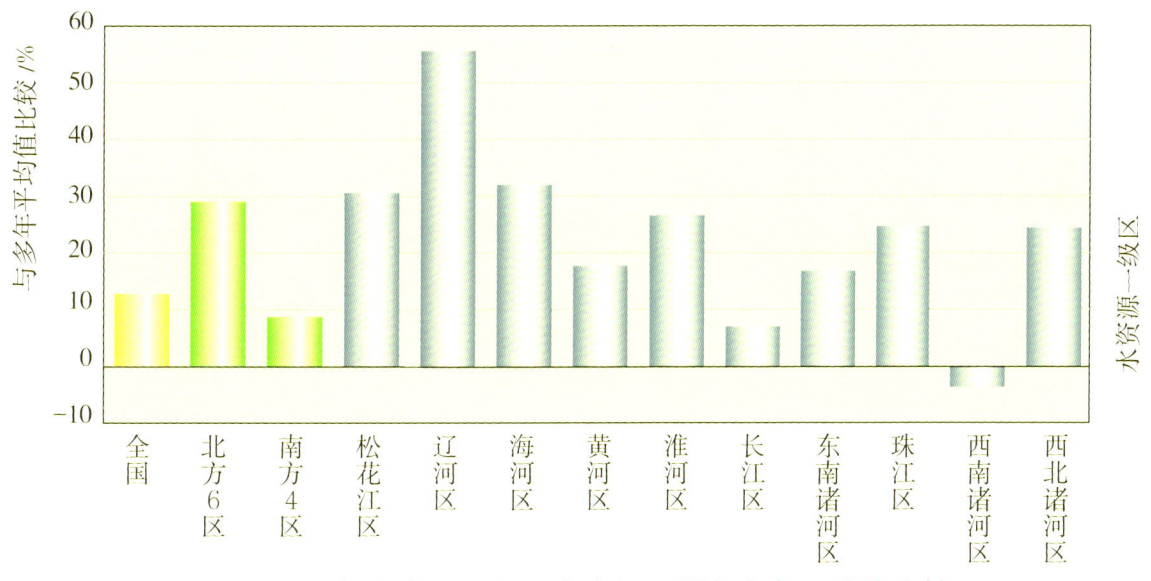

图5　2024年水资源一级区水资源总量与多年平均值比较

表5 2024年水资源一级区水资源总量

水资源一级区	降水量/mm	地表水资源量/亿 m³	地下水资源量/亿 m³	地下水与地表水资源不重复量/亿 m³	水资源总量/亿 m³
全　　国	717.7	29895.6	8679.2	1227.4	31123.0
北方6区	398.8	5648.2	2936.6	1086.8	6735.0
南方4区	1281.5	24247.4	5742.6	140.6	24388.0
松花江区	592.6	1650.6	610.5	267.9	1918.5
辽　河　区	764.2	633.1	249.5	119.0	752.1
海　河　区	649.5	248.3	311.4	184.3	432.6
黄　河　区	537.6	695.2	426.2	131.9	827.1
淮　河　区	970.0	919.9	457.8	255.5	1175.3
长　江　区	1124.4	10458.9	2583.2	107.1	10566.0
其中：太湖流域	1518.6	276.4	52.4	18.5	294.9
东南诸河区	1890.5	2348.4	539.7	14.8	2363.2
珠　江　区	1837.3	5896.7	1268.2	18.7	5915.4
西南诸河区	1082.7	5543.5	1351.5	0.0	5543.5
西北诸河区	198.7	1501.2	881.1	128.2	1629.4

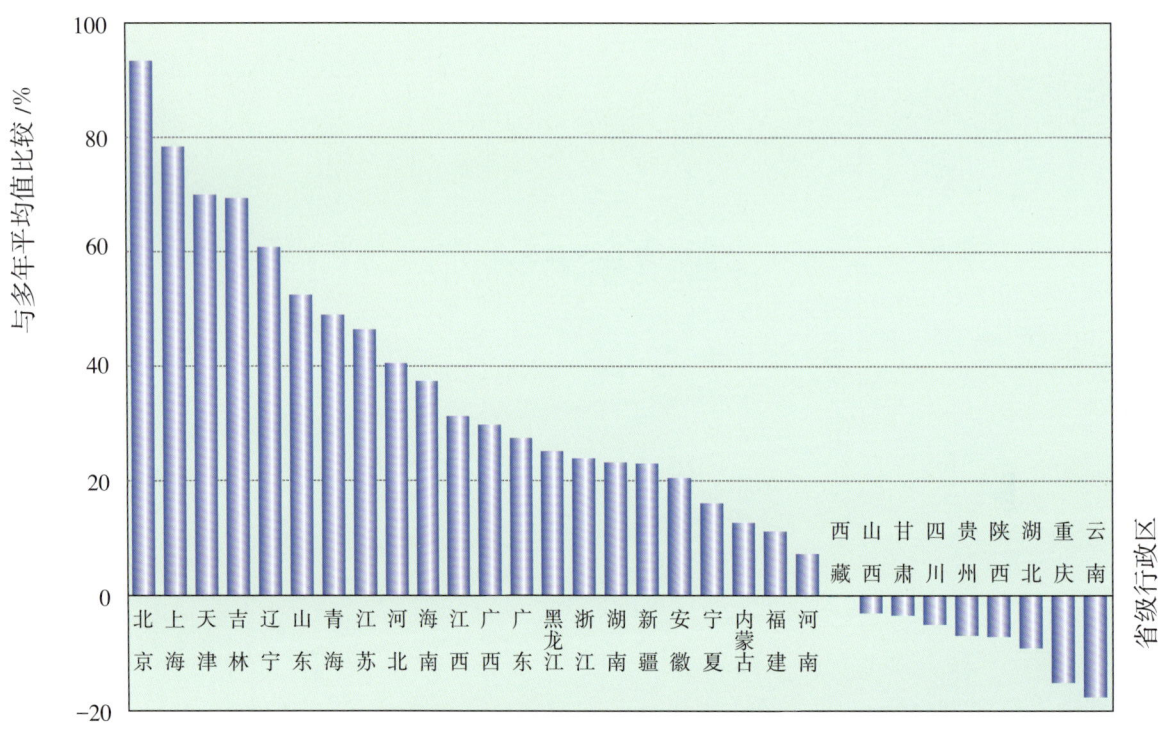

图6 2024年省级行政区水资源总量与多年平均值比较

表6 2024年省级行政区水资源总量

省级行政区	降水量/mm	地表水资源量/亿 m³	地下水资源量/亿 m³	地下水与地表水资源不重复量/亿 m³	水资源总量/亿 m³
全　国	717.7	29895.6	8679.2	1227.4	31123.0
北　京	782.0	24.5	42.0	28.4	52.9
天　津	802.9	16.9	9.7	8.3	25.2
河　北	659.3	140.8	179.9	107.2	247.9
山　西	560.3	73.5	94.1	41.5	115.0
内蒙古	362.5	399.7	259.8	181.4	581.1
辽　宁	917.4	482.6	151.1	52.0	534.6
吉　林	846.6	589.5	216.6	87.3	676.8
黑龙江	618.2	851.6	342.9	160.1	1011.7
上　海	1487.1	45.6	10.7	7.7	53.4
江　苏	1221.0	438.7	132.1	57.6	496.3
浙　江	1863.9	1189.9	245.9	19.2	1209.1
安　徽	1275.4	810.9	216.6	78.7	889.7
福　建	1885.3	1324.6	342.6	2.2	1326.8
江　西	1879.9	2039.7	446.5	20.0	2059.7
山　东	891.7	355.8	194.0	105.9	461.7
河　南	817.7	323.5	191.8	94.1	417.7
湖　北	1088.3	895.8	283.7	22.4	918.2
湖　南	1642.1	2079.7	451.4	7.8	2087.5
广　东	2190.8	2339.4	555.7	9.7	2349.1
广　西	1823.0	2465.9	426.3	1.1	2467.0
海　南	2229.2	431.8	115.9	7.9	439.7
重　庆	1074.4	469.8	96.2	0.0	469.8
四　川	940.7	2433.1	605.9	1.2	2434.4
贵　州	1240.3	969.1	238.0	0.0	969.1
云　南	1193.8	1760.4	595.7	0.0	1760.4
西　藏	578.7	4420.0	996.5	0.0	4420.0
陕　西	671.2	353.8	144.4	35.5	389.3
甘　肃	311.8	250.6	123.3	10.8	261.4
青　海	389.5	932.4	412.9	26.2	958.6
宁　夏	399.1	10.0	16.1	3.0	13.0
新　疆	189.9	975.7	541.1	50.2	1025.9

1956—2024 年全国及南北方区水资源总量变化见图 7。与多年平均值比较，全国水资源总量 1990—1999 年偏多 4.2%，2000—2009 年偏少 3.6%，2010—2019 年偏多 3.1%，2020—2024 年偏多 5.2%。南方 4 区 1990—1999 年偏多 5.1%，2000—2009 年偏少 3.0%，2010—2019 年偏多 2.7%，2020—2024 年偏多 0.6%；北方 6 区 1990—1999 年接近多年平均值，2000—2009 年偏少 6.3%，2010—2019 年偏多 4.5%，2020—2024 年偏多 24.8%。

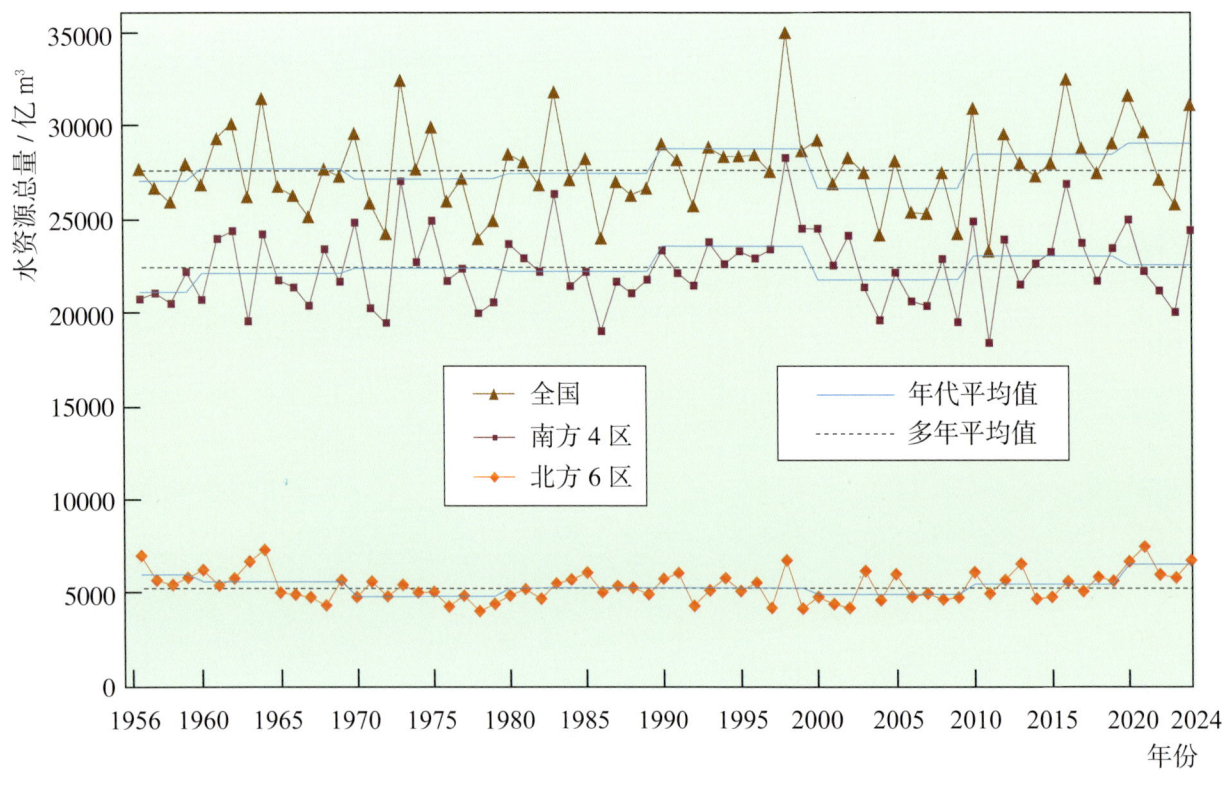

图 7 1956—2024 年全国及南北方区水资源总量变化

三、蓄水动态

（一）大中型水库蓄水动态

2024年，全国统计的783座大型水库和4064座中型水库年末蓄水总量为4588.8亿m³，比年初蓄水总量减少41.7亿m³。其中，大型水库年末蓄水量为4079.0亿m³，比年初减少38.2亿m³；中型水库年末蓄水量为509.9亿m³，比年初减少3.5亿m³。

从水资源分区看，长江区、淮河区2个水资源一级区水库年末蓄水量分别为2048.0亿m³、113.9亿m³，比年初减少171.6亿m³、2.2亿m³；其他8个水资源一级区水库年末蓄水量比年初有所增加，其中珠江区、黄河区分别增加49.2亿m³、22.7亿m³。2024年水资源一级区大中型水库年蓄水量变化见图8。

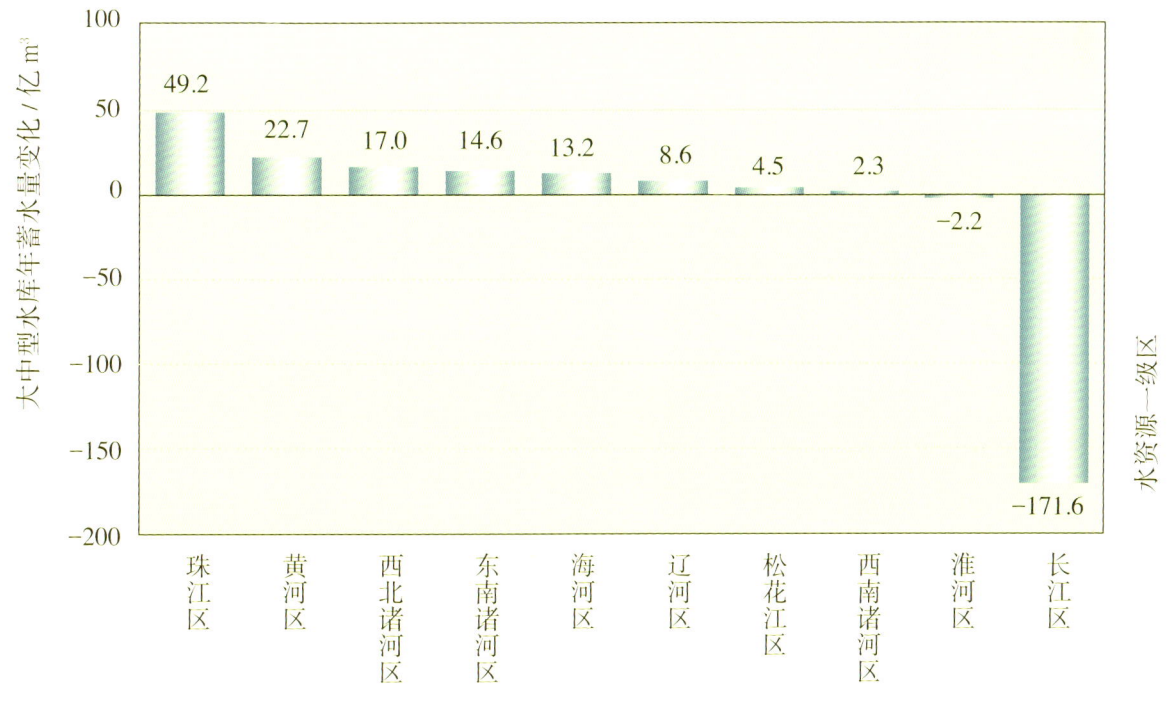

图8　2024年水资源一级区大中型水库年蓄水量变化

从行政分区看，青海、广西等19个省（自治区、直辖市）的水库蓄水量增加，共增加蓄水量151.0亿 m³；湖北、陕西等11个省（直辖市）的水库蓄水量减少，共减少蓄水量192.7亿 m³。2024年省级行政区大中型水库年蓄水量变化见图9。

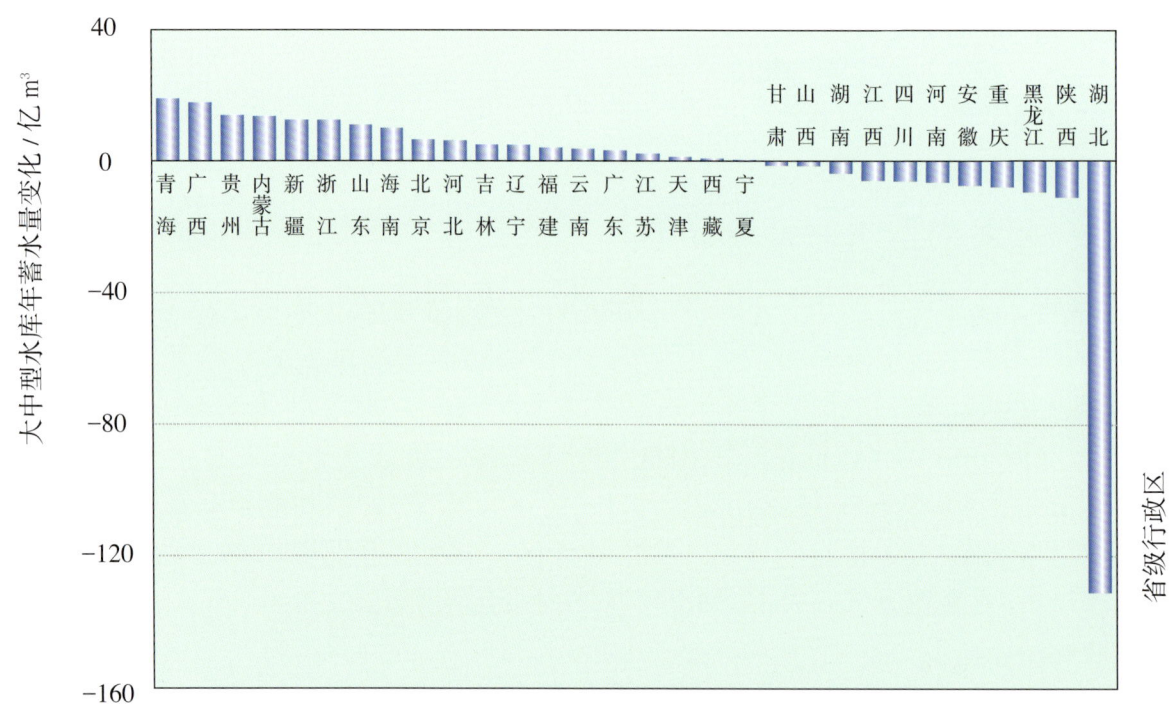

图9　2024年省级行政区大中型水库年蓄水量变化

（二）湖泊蓄水动态

2024年，根据监测的75个湖泊的数据统计，湖泊年末蓄水总量为1496.2亿 m³，比年初蓄水总量增加18.7亿 m³。其中，青海湖、巢湖蓄水量分别比年初增加28.2亿 m³、2.9亿 m³；洪泽湖蓄水量比年初减少7.0亿 m³。2024年水面面积200 km² 以上且有监测资料的湖泊蓄水量见表7。

（三）地下水动态

2024年年末，与2023年同期相比，全国浅层地下水和深层地下水平均水位分别上升0.3m和1.1m，59.5%的监测站水位呈上升或弱上升态势。按照地下水类型统计，58.9%的浅层孔隙水水位监测站、70.8%的深层孔隙水水位监测站，54.4%的裂隙水水位监测站，51.1%的岩溶水水位监测站，水位呈弱上升或上升态势。

表7 2024年水面面积200km² 以上且有监测资料的湖泊蓄水量

水资源一级区	湖泊	蓄水量/亿 m³		
		年初	年末	蓄水变量
松花江区	查干湖	9.4	10.3	0.9
淮河区	洪泽湖	42.4	35.3	−7.0
	南四湖上级湖	10.8	11.6	0.8
	南四湖下级湖	7.0	8.5	1.6
	高邮湖	12.4	11.6	−0.8
	骆马湖	8.1	8.6	0.6
长江区	太湖	51.1	50.6	−0.5
	巢湖	24.8	27.7	2.9
	华阳河湖泊群	10.5	10.7	0.2
	鄱阳湖	10.1	7.8	−2.3
	洞庭湖	6.4	6.1	−0.3
	滇池	15.2	15.3	0.2
	梁子湖	11.6	11.1	−0.5
	洪湖	1.5	1.8	0.3
珠江区	抚仙湖	198.6	197.6	−1.0
西南诸河区	洱海	28.3	27.7	−0.6
西北诸河区	青海湖（咸水湖）	901.1	929.3	28.2

从水资源分区看，7个水资源一级区地下水水位呈弱上升或上升态势的监测站点比例超过了50%，其中，辽河区、海河区、东南诸河区、松花江区、淮河区、黄河区、西北诸河区的比例分别为81.3%、70.9%、61.4%、57.0%、55.9%、54.4%和52.2%；3个水资源一级区地下水水位呈弱下降或下降态势的监测站点比例超过了50%，其中，珠江区、长江区、西南诸河区的比例分别为51.3%、50.6%和50.5%。

在29个监测浅层地下水的主要平原及盆地中，青海柴达木盆地浅层地下水水位呈上升态势，平均水位上升0.7m；辽河平原、琼北台地平原、海河平原、河套平原、银川卫宁平原、准噶尔盆地、浙东沿海平原、呼包平原、鄱阳湖平原、穆棱河兴凯湖平原、长江三角洲平原、黄淮平原、成都平原、三江平原、松嫩平原、大同盆地共16个平原及盆地浅层地下水水位呈弱上升态势；忻定盆地、雷州半岛平原、临汾盆地、运城盆地、河西走廊平原、关中平原、珠江三角洲平原、塔里木盆地共8个平原及盆地浅层地下水水位呈弱下降态势；长治盆地、太原盆地、河南南襄山间平原、江汉平原共4个平原及盆地浅层地下水水位呈下降态势，分别下降1.1m、0.8m、0.8m和0.7m。

在19个监测深层地下水的主要平原及盆地中，海河平原、黄淮平原、大同盆地、准噶尔盆地共4个平原及盆地深层地下水水位呈上升态势，上升幅度为0.6~1.9m；辽河平原、琼北台地平原、鄱阳湖平原、长江三角洲平原、浙东沿海平原、雷州半岛平原共6个平原深层地下水水位呈弱上升态势；河南南襄山间平原、忻定盆地、临汾盆地、松嫩平原、江汉平原、长治盆地、运城盆地共7个平原及盆地深层地下水水位呈弱下降态势；塔里木盆地、太原盆地2个盆地深层地下水水位呈下降态势，分别下降1.0m和0.7m。

开展泉水流量监测的49个监测站中，泉水流量较2023年总体呈增大态势。其中26个监测站泉水流量增加，5个监测站泉水流量保持稳定，18个监测站泉水流量减少。其中广西百色龙潭站年平均泉水流量增大2.5m³/s，广西桂林双江地下河站年平均泉水流量减小2.7m³/s。龙潭、流河地下河、龙泉、石燕闷、三岔地下河、雷鸣寺泉、达项屯山泉、凌霄、米依木阿吉坎儿井、金波泉等10个泉的年平均泉水流量为近五年最大。

四、水资源开发利用

（一）供水量

2024年，全国供水总量为5928.0亿 m³，占当年水资源总量的19.0%。其中，地表水源供水量为4892.4亿 m³，占供水总量的82.5%；地下水源供水量为784.0亿 m³，占供水总量的13.2%；非常规水源供水量为251.6亿 m³，占供水总量的4.3%。与2023年相比，供水总量增加21.5亿 m³，其中，地表水源供水量增加17.7亿 m³，地下水源供水量减少35.5亿 m³，非常规水源供水量增加39.3亿 m³。

在地表水源供水量中，蓄水工程供水量占30.7%，引水工程供水量占31.6%，提水工程供水量占33.0%，水资源一级区间调水量占4.7%。全国跨水资源一级区调水主要分布在黄河下游向其左、右两侧的海河区和淮河区的调水，以及长江中下游向海河区、淮河区和黄河区的调水。2024年水资源一级区间跨流域调水量见表8。

表8 2024年水资源一级区间跨流域调水量   单位：亿 m³

调出区	调入区							调出水量合计
	海河区	黄河区	淮河区	长江区	珠江区	西南诸河区	西北诸河区	
海河区		0.06						0.06
黄河区	50.49		34.15				4.34	88.98
淮河区				9.34				9.34
长江区	57.93	4.33	56.12		1.10	0.03		119.52
东南诸河区				9.27				9.27
珠江区				0.30				0.30
西南诸河区				1.06	0.12			1.18
调入水量合计	108.42	4.39	90.27	19.97	1.22	0.03	4.34	228.64

在地下水源供水量中,浅层地下水占97.7%,深层地下水占2.3%。

在非常规水源供水量中,再生水、微咸水、集蓄雨水利用量分别占84.3%、6.1%、5.2%。

全国海水直接利用量为1726.7亿 m³,主要作为火(核)电的冷却用水。海水直接利用量较多的为广东、浙江和福建3个省,分别为516.3亿 m³、334.1亿 m³、295.1亿 m³,其他沿海省份大都有一定数量的海水直接利用量。

2024年水资源一级区供水量见表9,供水量组成见图10。2024年省级行政区供水量见表10,供水量组成见图11。

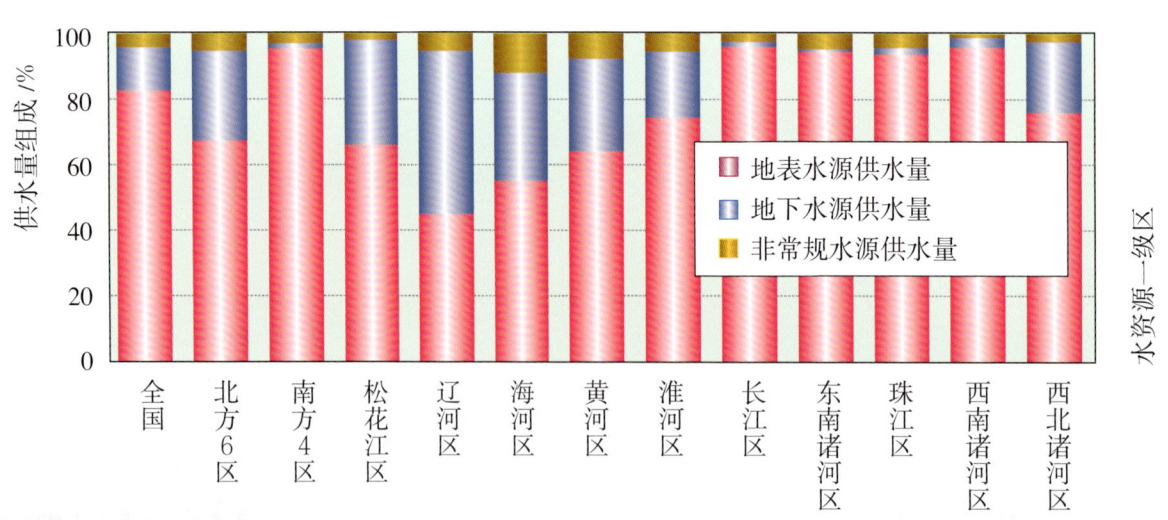

图10　2024年水资源一级区供水量组成

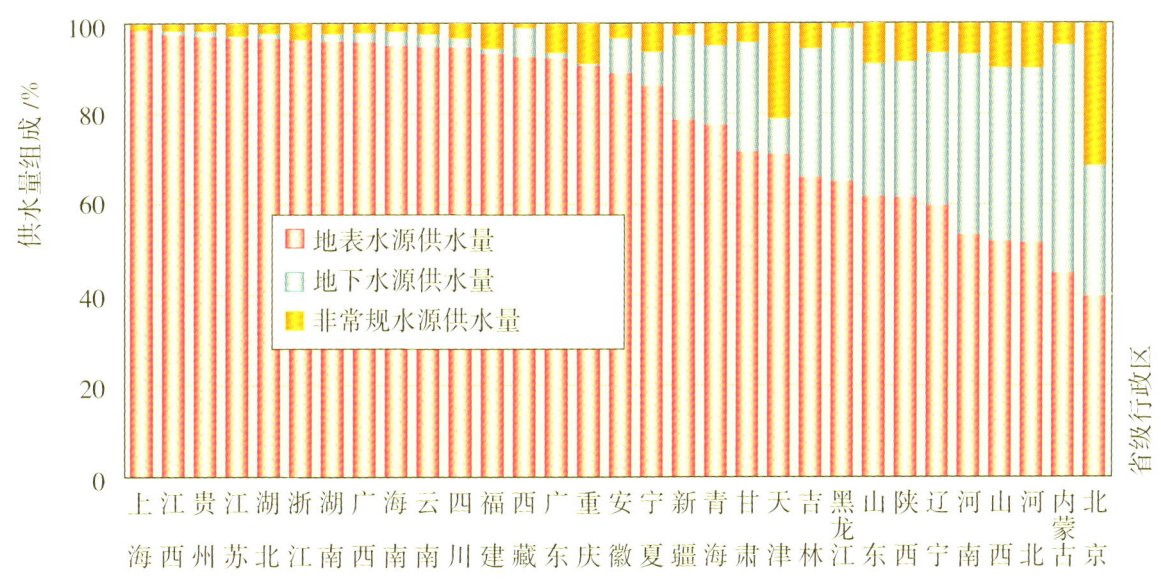

图11　2024年省级行政区供水量组成

1997年以来全国供水总量总体呈缓慢上升趋势，2013年后变化相对平稳。其中，地表水源和非常规水源供水量总体呈增加态势，地下水源供水量从缓慢增加转向持续减少态势。在地表水源中，跨水资源一级区调水量总体呈持续增加态势；在地下水源中，深层地下水供水量呈持续减少态势。地表水源及非常规水源供水量占供水总量的比例逐渐增加，地下水源供水量占供水总量的比例有所减少。

（二）用水量

2024年，全国用水总量为5928.0亿 m^3。其中，生活用水量为926.8亿 m^3，占用水总量的15.6%；工业用水量为971.0亿 m^3 [其中直流火（核）电冷却用水量为477.5亿 m^3]，占用水总量的16.4%；农业用水量为3648.4亿 m^3，占用水总量的61.6%；人工生态环境补水量为381.8亿 m^3，占用水总量的6.4%。

与2023年相比，用水总量增加21.5亿 m^3，其中，生活用水量增加17.0亿 m^3，工业用水量增加0.8亿 m^3，农业用水量减少24.0亿 m^3，人工生态环境补水量增加27.7亿 m^3。

2024年水资源一级区用水量见表9。2024年省级行政区用水量见表10，省级行政区用水量组成见图12。

表9　2024年水资源一级区供水量和用水量　　　　单位：亿 m³

水资源一级区	供水量				用水量					
	地表水源	地下水源	非常规水源	供水总量	生活	工业	其中：直流火(核)电	农业	人工生态环境补水	用水总量
全国	4892.4	784.0	251.6	5928.0	926.8	971.0	477.5	3648.4	381.8	5928.0
北方6区	1819.4	734.7	148.8	2702.9	317.0	212.1	12.4	1938.4	235.4	2702.9
南方4区	3073.0	49.3	102.8	3225.1	609.8	758.9	465.1	1710.0	146.4	3225.1
松花江区	272.6	131.3	9.1	413.0	26.9	20.5	6.4	344.0	21.6	413.0
辽河区	82.0	91.0	10.1	183.1	31.2	17.7	0.1	120.7	13.3	183.1
海河区	209.6	125.5	45.9	381.0	72.9	39.4	0.1	187.5	81.1	381.0
黄河区	250.8	109.9	30.6	391.4	57.6	50.4	0.0	248.1	35.4	391.4
淮河区	445.5	119.5	33.9	598.9	103.7	66.1	5.6	388.5	40.6	598.9
长江区	1970.7	29.4	53.4	2053.4	350.7	585.6	411.4	1031.6	85.5	2053.4
其中：太湖流域	336.3	0.0	9.3	345.6	62.4	212.5	175.0	61.2	9.5	345.6
东南诸河区	277.1	2.1	14.0	293.1	71.5	57.5	11.4	141.9	22.3	293.1
珠江区	723.7	14.8	34.1	772.7	174.9	110.9	42.4	449.7	37.2	772.7
西南诸河区	101.5	3.1	1.3	105.9	12.7	5.0	0.0	86.8	1.5	105.9
西北诸河区	558.9	157.4	19.3	735.6	24.6	18.1	0.2	649.6	43.3	735.6

表 10　2024年省级行政区供水量和用水量　　　　　　　　单位：亿 m³

省级行政区	供水量				用水量					
	地表水源	地下水源	非常规水源	供水总量	生活	工业	其中：直流火(核)电	农业	人工生态环境补水	用水总量
全　国	4892.4	784.0	251.6	5928.0	926.8	971.0	477.5	3648.4	381.8	5928.0
北　京	16.7	12.2	13.2	42.1	19.3	2.8	0.0	2.4	17.6	42.1
天　津	22.7	2.5	6.7	32.0	7.3	4.7	0.0	8.8	11.3	32.0
河　北	97.9	73.2	18.7	189.8	29.1	16.2	0.1	100.2	44.3	189.8
山　西	36.3	26.9	6.8	70.0	15.7	11.3	0.0	36.5	6.6	70.0
内蒙古	85.1	95.9	8.9	189.9	11.3	16.7	0.0	138.5	23.5	189.9
辽　宁	73.7	41.7	7.8	123.3	26.4	14.8	0.0	71.9	10.3	123.3
吉　林	70.6	30.5	5.8	107.0	13.0	7.9	2.1	76.6	9.4	107.0
黑龙江	187.9	97.6	3.1	288.5	14.5	11.9	4.4	258.4	3.7	288.5
上　海	105.9	0.0	1.4	107.3	23.8	68.1	59.6	14.3	1.0	107.3
江　苏	560.5	2.1	16.0	578.7	67.3	251.1	204.2	244.8	15.4	578.7
浙　江	166.8	0.1	6.2	173.1	55.5	36.9	0.4	73.7	7.0	173.1
安　徽	244.6	21.5	8.6	274.7	37.2	80.0	52.3	148.0	9.6	274.7
福　建	161.0	2.1	9.5	172.5	31.5	29.4	11.0	94.2	17.5	172.5
江　西	232.4	2.1	3.7	238.2	30.1	37.8	20.8	165.7	4.5	238.2
山　东	142.8	68.2	20.5	231.6	45.0	34.3	0.0	132.9	19.4	231.6
河　南	114.2	85.7	14.3	214.2	42.9	20.6	0.6	125.1	25.4	214.2
湖　北	329.0	4.2	7.0	340.2	52.5	70.1	39.5	190.9	26.6	340.2
湖　南	286.9	5.2	6.6	298.7	46.1	44.4	32.3	193.5	14.8	298.7
广　东	379.4	5.4	26.5	411.3	117.1	73.0	26.3	194.8	26.3	411.3
广　西	240.2	5.2	5.0	250.5	35.8	28.7	16.1	179.6	6.3	250.5
海　南	42.2	1.4	0.8	44.4	10.4	1.7	0.0	29.9	2.4	44.4
重　庆	64.7	0.3	6.3	71.3	22.7	21.8	7.8	25.1	1.7	71.3
四　川	241.6	5.3	8.4	255.2	61.3	20.7	0.0	163.0	10.2	255.2
贵　州	90.3	1.2	1.5	93.0	22.1	10.3	0.0	59.5	1.1	93.0
云　南	152.1	4.7	3.7	160.5	26.8	12.4	0.0	113.3	8.1	160.5
西　藏	29.7	2.1	0.3	32.1	3.2	1.4	0.0	27.0	0.5	32.1
陕　西	61.6	30.1	8.4	100.0	21.2	14.9	0.0	56.0	7.9	100.0
甘　肃	83.9	28.5	4.8	117.3	10.6	6.4	0.0	90.0	10.3	117.3
青　海	20.2	4.6	1.3	26.1	3.2	3.2	0.0	17.7	2.0	26.1
宁　夏	52.9	4.7	3.8	61.4	3.8	5.7	0.0	48.7	3.2	61.4
新　疆	498.3	118.7	16.0	633.0	20.0	11.8	0.2	567.4	33.9	633.0

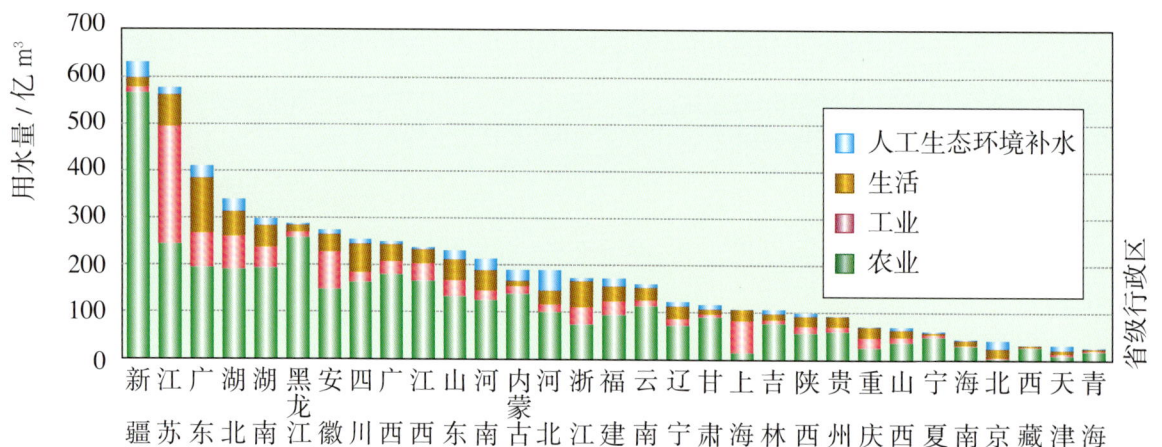

图 12 2024 年省级行政区用水量组成

1997年以来全国用水总量总体呈缓慢上升趋势，2013年后变化相对平稳。其中，生活用水量呈持续增加态势，工业用水量从总体增加转为逐渐趋稳；农业用水量受当年降水和实际灌溉面积等因素的影响上下波动。生活用水量占用水总量的比例逐渐增加，农业用水量和工业用水量占用水总量的比例有所减少。1997—2024 年全国用水量变化见图13。

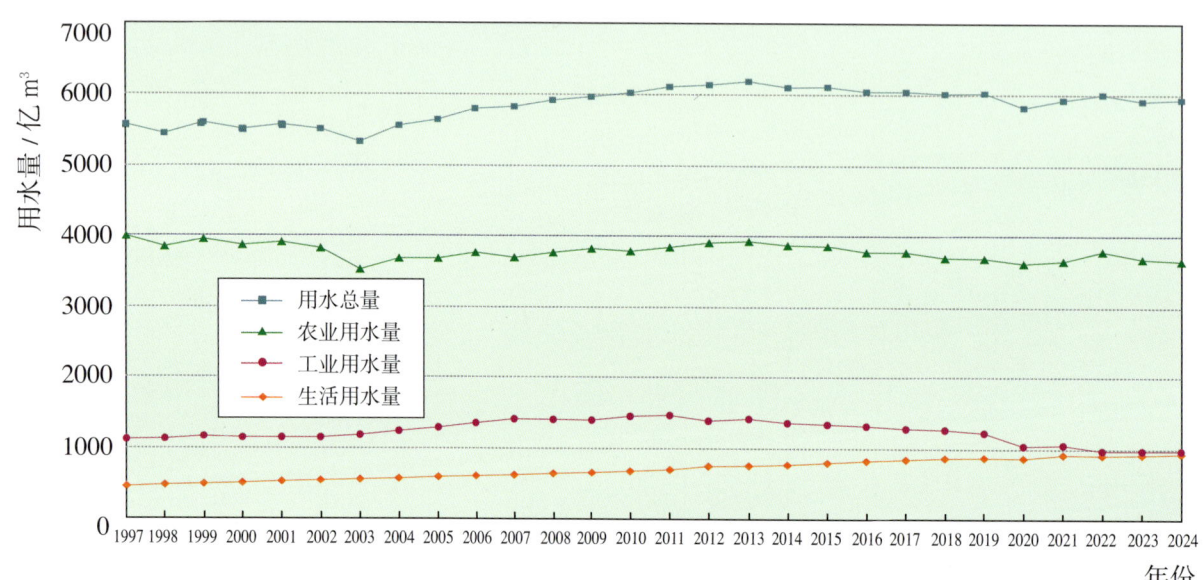

图 13 1997—2024 年全国用水量变化

按居民生活用水、生产用水、人工生态环境补水划分，2024年全国居民生活用水量占用水总量的11.0%，生产用水量占82.6%，人工生态环境补水量占6.4%。在生产用水中，第一产业用水量占用水总量的61.6%，第二产业用水量占16.9%，第三产业用水量占4.1%。

（三）用水消耗量

2024年，全国用水消耗量为3251.5亿m^3，耗水率为54.8%。其中，农业用水消耗量为2427.3亿m^3，占总消耗量的74.7%，耗水率为66.5%；工业用水消耗量为227.1亿m^3，占总消耗量的7.0%，耗水率为23.4%；生活用水消耗量为359.1亿m^3，占总消耗量的11.0%，耗水率为38.7%；人工生态环境补水耗水量为238.0亿m^3，占总消耗量的7.3%，耗水率为62.3%。

（四）用水指标

2024年，全国人均综合用水量为421m^3，万元国内生产总值（当年价）用水量为43.9m^3。耕地灌溉亩均用水量为342m^3，农田灌溉水有效利用系数为0.580，万元工业增加值（当年价）用水量为24.0m^3，人均生活用水量为180L/d，人均居民生活用水量为127L/d。2024年水资源一级区、省级行政区主要用水指标分别见表11和表12。

表11 2024年水资源一级区主要用水指标

水资源一级区	人均综合用水量 /m³	万元国内生产总值用水量 /m³	耕地灌溉亩均用水量 /m³	人均生活用水量 /(L/d)	人均居民生活用水量 /(L/d)	万元工业增加值用水量 /m³
全　　国	421	43.9	342	180	127	24.0
松花江区	770	130.0	377	137	101	44.2
辽　河　区	351	47.8	201	164	113	16.8
海　河　区	255	26.7	165	134	96	10.7
黄　河　区	343	37.6	253	138	100	13.4
淮　河　区	292	33.5	218	139	105	12.2
长　江　区	438	42.0	402	205	140	40.7
其中：太湖流域	504	25.4	461	249	152	50.0
东南诸河区	319	24.0	446	213	142	13.8
珠　江　区	368	40.0	644	229	162	18.3
西南诸河区	504	105.9	401	165	114	26.2
西北诸河区	2134	265.8	478	196	154	19.2

表 12 2024 年省级行政区主要用水指标

省级行政区	人均综合用水量/m³	万元国内生产总值用水量/m³	耕地灌溉亩均用水量/m³	农田灌溉水有效利用系数	人均生活用水量/(L/d)	人均居民生活用水量/(L/d)	万元工业增加值用水量/m³
全 国	421	43.9	342	0.580	180	127	24.0
北 京	193	8.4	115	0.752	242	148	4.8
天 津	235	17.8	220	0.724	146	102	8.1
河 北	257	39.9	153	0.679	108	83	10.9
山 西	203	27.5	162	0.578	124	91	11.4
内蒙古	794	72.2	182	0.588	129	89	16.7
辽 宁	296	37.8	334	0.593	174	118	14.9
吉 林	460	74.5	287	0.609	153	108	20.9
黑龙江	947	175.1	437	0.613	131	99	31.3
上 海	432	19.9	468	0.740	263	153	62.4
江 苏	679	42.2	403	0.624	216	142	50.9
浙 江	260	19.2	380	0.615	229	145	12.3
安 徽	449	54.3	242	0.580	166	126	56.5
福 建	412	29.9	561	0.573	206	142	15.3
江 西	528	69.6	549	0.547	183	134	33.6
山 东	229	23.5	164	0.650	122	91	10.7
河 南	219	33.7	156	0.629	120	94	11.1
湖 北	583	56.7	378	0.548	247	151	39.8
湖 南	456	56.1	475	0.569	193	135	28.4
广 东	323	29.0	711	0.538	252	170	15.3
广 西	499	87.4	699	0.526	196	155	36.9
海 南	425	56.0	659	0.582	271	197	18.8
重 庆	224	22.2	293	0.515	195	143	24.5
四 川	305	39.4	343	0.509	201	150	11.5
贵 州	241	41.0	388	0.503	157	121	18.0
云 南	344	50.9	351	0.526	157	112	16.6
西 藏	873	116.0	495	0.463	239	138	34.5
陕 西	253	28.2	257	0.586	147	103	12.2
甘 肃	476	90.2	405	0.591	118	96	18.3
青 海	440	66.1	435	0.510	147	96	23.9
宁 夏	842	111.5	476	0.586	142	87	28.0
新 疆	2425	308.3	507	0.583	210	169	17.3

根据《中国水资源公报》，1997年以来用水效率明显提高，全国万元国内生产总值用水量和万元工业增加值用水量均呈显著下降趋势，耕地灌溉亩均用水量总体呈缓慢下降趋势，人均综合用水量基本维持在400～450m³之间。1997—2024年全国主要用水指标变化见图14。2024年与1997年比较，耕地灌溉亩均用水量由492m³下降到342m³；万元国内生产总值用水量、万元工业增加值用水量分别下降了87.1%、90.1%（按可比价计算）。与2023年相比，万元国内生产总值用水量和万元工业增加值用水量分别下降4.4%和5.3%（按可比价计算）。

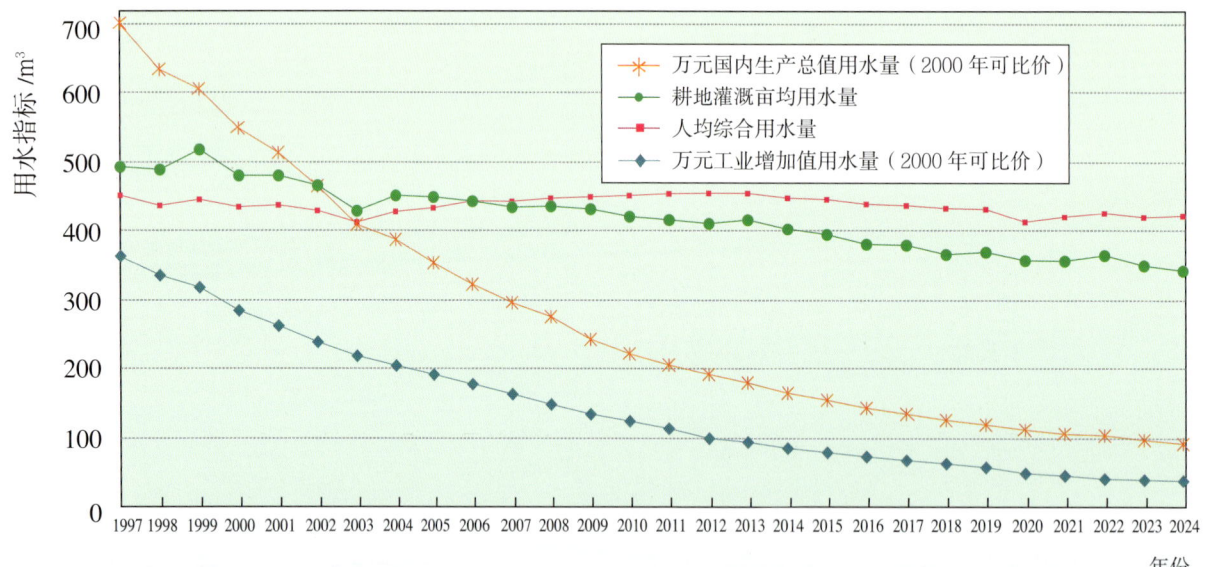

图14　1997—2024年全国主要用水指标变化

编写说明

1. 范围及分区

（1）《中国水资源公报2024》（以下简称《公报》）中涉及的全国性数据是现有设施监测统计分析结果，均未包括香港特别行政区、澳门特别行政区和台湾省的相关数据。

（2）《公报》分区包括10个水资源一级区和31个省级行政区。10个水资源一级区分为北方6区和南方4区，北方6区指松花江区、辽河区、海河区、黄河区、淮河区、西北诸河区，南方4区指长江区（含太湖流域）、东南诸河区、珠江区、西南诸河区。全国水资源一级区示意图附于《公报》正文之后。

2. 术语定义

（1）**降水量**：大气中的水汽凝结后，在一定时段内降落到地面的水量。

（2）**地表水资源量**：河流、湖泊、冰川等地表水体逐年更新的动态水量，即当地天然河川径流量。

（3）**地下水资源量**：地下饱和含水层逐年更新的动态水量，即降水和地表水入渗对地下水的补给量。

（4）**地下水与地表水资源不重复量**：地下水的降水入渗补给量扣除降水入渗补给形成的河道排泄量。

（5）**水资源总量**：当地降水形成的地表和地下产水总量，即地表径流量与降水入渗补给量之和。

（6）**供水量**：各种水源提供的包括输水损失在内的水量之和，包括地表水源、地下水源和非常规水源供水量。地表水源供水量指地表水工程的取水量，按蓄水工程、引水工程、提水工程、调水工程四种形式统计，其中：调水工程仅统计跨水资源一级区调水且在本年度利用的水量；地下水源供水量指水井工程的开采量，按浅层和深层分别统计；非常规水源指经处理后可以利用或在一定条件下可直接利用的再生水、集蓄雨水、海水淡化水、微咸水和矿坑（井）水等。直接利用的海水另行统计，不计入供水量中。

（7）**用水量**：各类河道外用水户取用的包括输水损失在内的毛用水量之和，按生活用水、工业用水、农业用水和人工生态环境补水四大类用户统计，不包括海水直接利用量以及水力发电、航运等河道内用水量。生活用水包括居民生活用水和公共设施用水（含第三产业及建筑业等用水）；工业用水指工矿企业用于生产活动的水量，包括主要生产用水、辅助生产用水（如机修、运输、空压站等）和附属生产用水（如绿化、办公室、浴室、食堂、厕所、保健站等），按新水取用量计，不包括企业内部的重复利用水量；农业用水包括耕地和林地、园地、牧草地灌溉用水、鱼塘补水及畜禽用水；人工生态环境补水包括城乡环境用水以及具有人工补水工程和明确补水目标的河湖、湿地补水等，不包括降水、径流自然满足的水量。用水量也可按照居民生活用水、生产用水和人工生态环境补水三大类统计，其中生产用水划分为第一产业用水、第二产业用水和第三产业用水。

（8）**海水直接利用量**：以海水为原水，直接替代淡水作为直流冷却、循环冷却等用途的水量。

（9）**用水消耗量**：在输水、用水过程中，通过蒸腾蒸发、土壤吸收、产品吸附和居民、牲畜饮用等多种途径消耗掉，而不能回归到地表水体和地下含水层的水量。

3. 指标解释

（1）年降水量距平是当年与多年平均降水量之差除以多年平均降水量的百分比。

（2）耗水率是用水消耗量占用水量的百分比。

（3）人均综合用水量是用水总量与常住人口的比值。

（4）万元国内生产总值用水量是用水总量与国内生产总值的比值。

（5）万元工业增加值用水量是工业用水量与工业增加值的比值。

（6）人均生活用水量是生活用水量与常住人口的比值。

（7）人均居民生活用水量是居民生活用水量与常住人口的比值。

（8）耕地灌溉亩均用水量是耕地灌溉用水量与耕地实际灌溉面积的比值。

（9）农田灌溉水有效利用系数是灌入田间可被作物利用或有利于作物生长的水量与毛灌溉水量的比值。

4. 数据说明

（1）《公报》中多年平均值统一采用1956—2016年水文系列平均值。

（2）全国年降水量是依据1.8万个雨量站观测资料分析计算的平均降水量。《公报》中全国、水资源分区、行政分区年降水量以相应区域的面平均雨量表示。

（3）水资源状况依据全国近3000处江河水文站以及2.2万个地下水监测站的观测资料进行评价。地下水资源量仅评价矿化度≤2g/L的浅层地下水。

（4）大中型水库蓄水量参与统计的对象包括783座大型水库和4064座中型水库。

（5）湖泊蓄水量统计对象为常年水面面积100km²以上且有监测的75个湖泊。部分湖泊年初蓄水量按照新的水位—蓄水量关系进行了调整。

（6）地下水年末水位（埋深）采用当年12月平均值。地下水动态采用22344个地下水水位监测站的监测数据进行分析，监测面积约350万km²，覆盖我国主要平原区、盆地和岩溶山区。依据地下水水位监测站点数据，平原及盆地浅层地下水水位（埋深）基于克里金插值法计算，深层地下水水位（埋深）基于算术平均法计算。地下水水位动态按照年末与上年同期地下水埋深的差值<−0.5m、−0.5m（含）~0m（含）、0~0.5m（含）、>0.5m分为上升、弱上升、弱下降、下降，其中弱上升、弱下降视为相对稳定。

（7）水资源开发利用状况依据全国18.5万户用水统计调查对象直报水量及相关统计指标进行核算。

（8）《公报》部分数据合计数由于单位取舍不同而产生的计算误差，未做调整。

5. 编制单位

《公报》由中华人民共和国水利部组织编制，参加编制单位包括各流域管理机构，各省、自治区、直辖市水利（水务）厅（局），中国水利水电科学研究院，水利部水利水电规划设计总院，中国灌溉排水发展中心，南京水利科学研究院以及水利部信息中心（水利部水文水资源监测预报中心）。

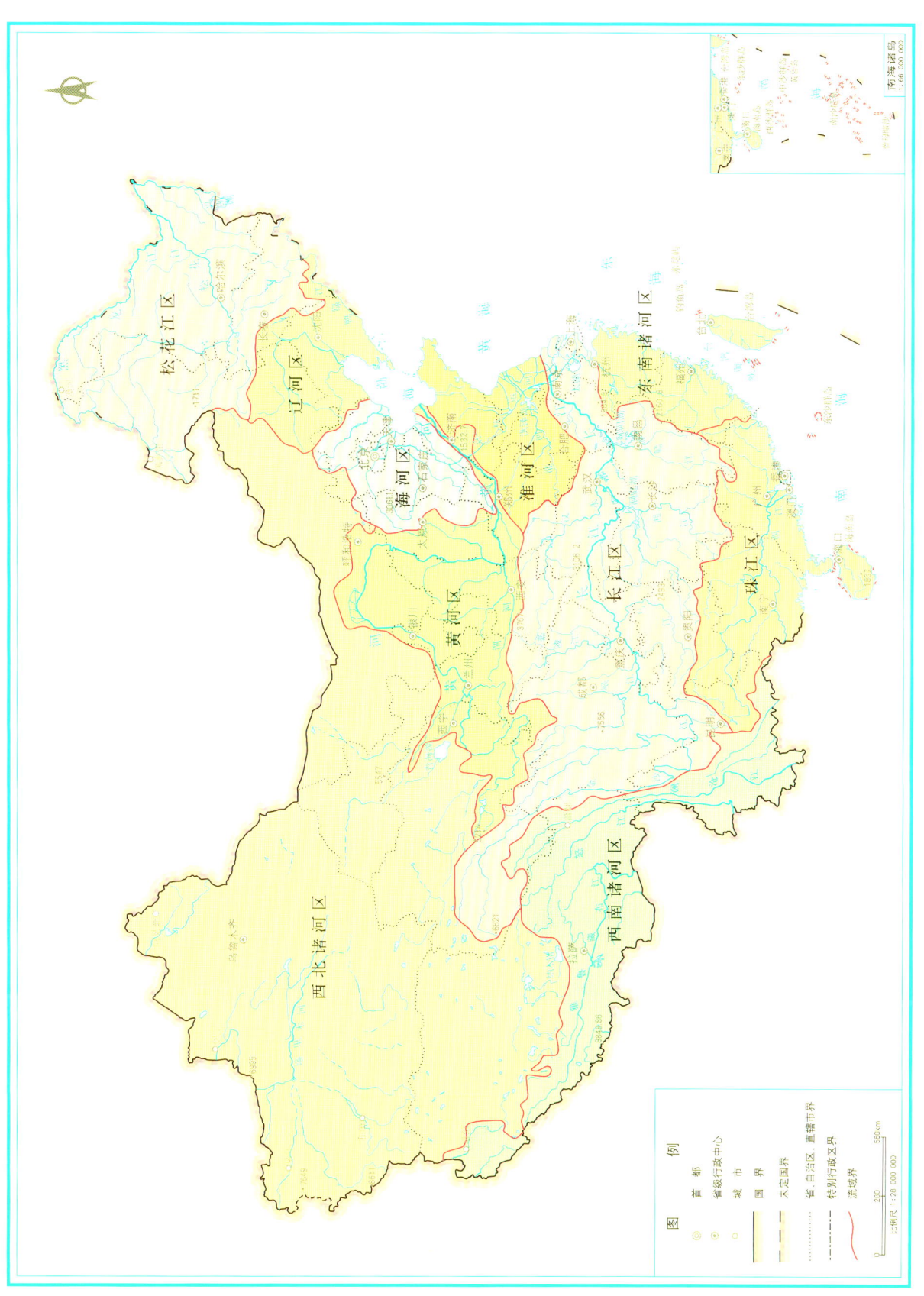

全国水资源一级区示意图

中国水资源公报 2024

《中国水资源公报》编制领导小组

组　长：陈　敏
副组长：仲志余　于琪洋
成　员：（以姓氏笔画为序）
　　　　王　平　付　静　刘云波　刘志雨　齐兵强
　　　　李　明　李　勇　张祥伟　张鸿星　倪文进
　　　　唐　亮　彭　静　蒋牧宸　戴济群

《中国水资源公报》编辑人员

主　编：齐兵强
副主编：束庆鹏　赵　勇　仇亚琴
成　员：（以姓氏笔画为序）
　　　　马　超　王金星　王卓然　王海洋　白　崴
　　　　冯保清　邢西刚　刘　婷　刘海滢　李佳璐
　　　　杨　丹　吴永祥　汪党献　沈莹莹　赵春红
　　　　郝春沣　郝　震　贾　玲　顾　涛　徐　婷
　　　　郭　飞　常　帅　廖四辉　樊　霖

《中国水资源公报》编辑部邮箱：gongbao_iwhr@iwhr.com